图书在版编目（CIP）数据

我的花卉书 /（瑞典）斯特凡·卡斯塔著 ；（瑞典）玛雅·法戈白绘 ； 肖伊译 . -- 北京 ： 北京理工大学出版社， 2020.3

（我的博物学入门书）

书名原文：HUMLANS BLOMSTERBOK

ISBN 978-7-5682-7675-7

Ⅰ．①我… Ⅱ．①斯… ②玛… ③肖… Ⅲ．①花卉 - 青少年读物 Ⅳ．① S68-49

中国版本图书馆 CIP 数据核字（2019）第 228954 号

北京市版权局著作权合同登记号　图字 01-2019-5792 号

HUMLANS BLOMSTERBOK

© Text: Stefan Casta, 1993

© Illustrations: Maj Fagerberg, 1993

© Bokförlaget Opal AB, 1993

出版发行 / 北京理工大学出版社有限责任公司

社　　址 / 北京市海淀区中关村南大街 5 号

邮　　编 / 100081

电　　话 / (010)68914775（总编室）
　　　　　　(010)82562903（教材售后服务热线）
　　　　　　(010)68948351（其他图书服务热线）

网　　址 / http://www.bitpress.com.cn

经　　销 / 全国各地新华书店

印　　刷 / 雅迪云印（天津）科技有限公司

开　　本 / 787 毫米 ×1092 毫米　1/12

印　　张 / 5

字　　数 / 50 千字

版　　次 / 2020 年 3 月第 1 版　2020 年 3 月第 1 次印刷

定　　价 / 68.00 元

责任编辑 / 陈　玉

文案编辑 / 陈　玉

责任校对 / 周瑞红

责任印制 / 王美丽

图书出现印装质量问题，请拨打售后服务热线，本社负责调换

我的博物学入门书

我的花开书

[瑞典] 斯特凡·卡斯塔 / 著
[瑞典] 玛雅·法戈白 / 绘
肖　伊 / 译

北京理工大学出版社
BEIJING INSTITUTE OF TECHNOLOGY PRESS

目 录

红车轴草

大自然中有故事

大自然中，多的是我们视而不见或无法理解的事。

这些事情的发生并非纯属偶然。即便是飞舞的昆虫，也并非完全随心所欲。它们的世界和人类一样，充满着秩序与规律。

这本书想讲给你关于熊蜂与鲜花的真实故事。这里面既介绍了熊蜂的一生，也描述了它们与花的那些美好交集。

你知道野花也有路标吗？你知道熊蜂最爱蓝色和黄色的花吗？你知道熊蜂会在自然中留下自己的气味吗？

这些知识通常被归入花卉生物学的范畴，而那真的是一门充满乐趣的学问！

你也可以把这本书当作是你的第一本花卉图谱书来参考使用。这里面介绍了六十多种我们最常见到的植物。

感谢瑞典最有名的熊蜂专家之一，来自瑞典乌普萨拉的多细胞生物数据库的毕勇·赛德白，以及中国的科普作家冉浩为本书担任关于熊蜂知识的顾问。

希望你在熊蜂的世界里玩得开心！

斯特凡·卡斯塔、玛雅·法戈白

百脉根

广布野豌豆

词汇表

花瓣

围绕着花心的那一圈彩色或白色的片状部分。

萼片

花的底部那一圈更小的绿色叶子叫萼片。当花儿含苞待放的时候，萼片会起到保护花朵的作用。

雄蕊

花里面细细的仿佛顶着纽扣的小管子，叫雄蕊。它们是花的雄性器官。

沾着花粉的雄蕊

花粉

雄蕊顶端那些粉状的细小粉末叫花粉。花粉是熊蜂和蜜蜂采集来喂养自己幼虫的主要食物之一。

雌蕊

花还有另外一支细细的小管子，通常位于花的中间，叫作雌蕊。雌蕊是花的雌性器官。

花蜜

昆虫们从花朵里采集到的如果汁一样甜的物质叫花蜜。蜂蜜就是熊蜂和蜜蜂用花蜜酿造出来的。

授粉

当花粉颗粒落在雌蕊上，我们就可以说花朵被授粉或受精了。接下来，就可以见证种子的诞生了。

黄花柳

欧榛

一年中最早开放的花，通常长在树上

当大地还被冰雪覆盖时，黄花柳和欧榛的枝头便已经可以找到花朵的踪迹了。这些树的花能开得这么早，是因为树根扎得非常深，深到根部所处的土壤并没有被冻结。

但如果这是一个十分严寒的冬季，款冬就有机会抢在所有其他植物之前开花。那一定是一个连地底深处都已经结冰的冬天，冷到大树的根系都无法汲取水分。而款冬只需要地面的冰雪在暖日之下消融，便能立刻冒出头来。

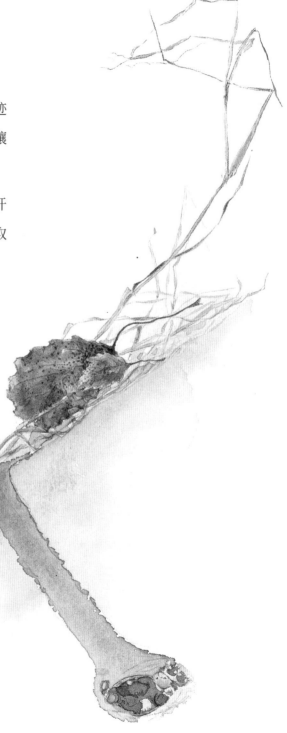

熊蜂冬眠在背阳处

熊蜂度冬的蜂巢通常建在坡地上。如果能找到山坡或是路沿，熊蜂们会很乐意在那儿冬眠。几乎所有熊蜂的冬眠巢穴都朝向同一个方向——最阴冷的那一边。

当春天降临，在日光照射之下，向阳处的积雪首先融化，地面变得温暖又舒服，款冬很快就会冒出头来。而这时，熊蜂还在自己的蜂巢里打盹儿呢。

熊蜂想多睡会儿

等到春意渐浓，就连最阴冷背光的地方也开始暖和起来时，冬眠的熊蜂才会醒来。此时气温稳定，花儿竞相开放，熊蜂觅食变得更加容易。假如熊蜂把度冬的蜂巢建在向阳的地方，它们可能就会过早醒来！

款冬

12

第一株冒出头的款冬，意味春天来临

发现第一株款冬冒出头来的那一刻，有着特别的意义。因为人们知道，这意味着春天就快来了。小熊蜂们大概也会这么想！你可以采几朵含苞待放的款冬回家，找个鸡蛋杯把花插上，摆上餐桌，很快就会有小太阳一般的金色花朵绽放出来。

款冬这种花在瑞典也被叫作"马蹄"。那是因为，当款冬花凋落，大大的叶片会呈现出马蹄一样的形状。

在野外搜寻款冬的踪迹时，不妨以它们往年留下的残花败叶为线索。那些凋落的花叶会一直在那儿，直到变得黑乎乎的。

如果你找到了一大片款冬，也别把它们全采光了，留些给小熊蜂吧。

雪融色消

雪，其实并不是白色的，它的白只是视觉效果。要知道，雪里并没有白色色素，但因为雪中充满着空气，会折射阳光，这才呈现为白色。当雪融化，雪里的空气也随之消散，剩下的只有水。假如雪真的是白色的，那么春天一到，山坡上的积雪融化，不就变成满山都是牛奶瀑布了吗？

而雪滴花也是这个道理。雪滴花是春天里最常见的花之一。它虽然看起来是白色的，但其实本身无色。如果你把雪滴花的花瓣压扁，把里面的空气完全挤出，你会发现那些花瓣都变成透明的了。

雪滴花

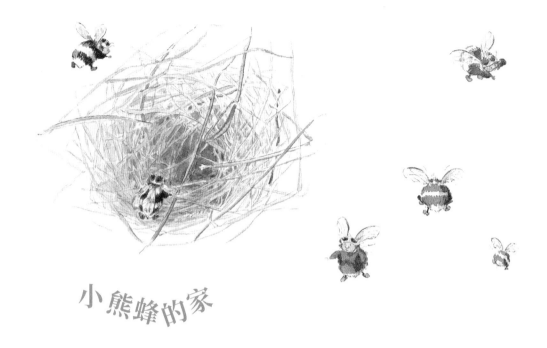

小熊蜂的家

在春天，人们能看到的熊蜂，体形都比较大。它们是蜂后，正在准备创建自己的熊蜂"王国"。为了寻找合适的筑巢之地，它们四处飞舞寻觅。

不同种类的熊蜂选择在不同的地方筑巢。有一种熊蜂会把蜂巢建在石头缝里的，被称作红尾熊蜂。

红尾熊蜂

还有一种熊蜂喜欢在房子外墙及屋檐下，或是废弃的鸟窝里建巢，它们被称作眠熊蜂。

但最常见的，还是把蜂巢建在地下的地熊蜂。

眠熊蜂

地熊蜂

14

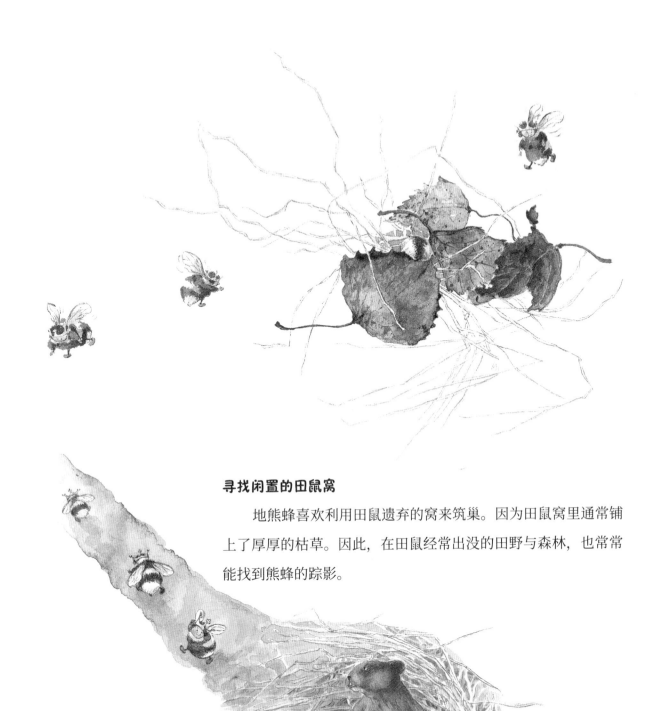

寻找闲置的田鼠窝

　　地熊蜂喜欢利用田鼠遗弃的窝来筑巢。因为田鼠窝里通常铺上了厚厚的枯草。因此，在田鼠经常出没的田野与森林，也常常能找到熊蜂的踪影。

桦树

雪割草

顶冰花

丛林银莲花

森林里的顶冰花、丛林银莲花

顶冰花从地下的根茎中抽芽，开出黄色的小花。以前，还有人把顶冰花叫作"花生"，它们是那些在森林里游荡的野猪最爱吃的食物。

这种蓝色的小花，学名叫雪割草，它们每年春天都会在同一个地方出现。一株雪割草的寿命可达 700 年！但它们蔓延的速度很慢，因此在不少地方都被列为受保护的植物。

而这种可以采摘的白色的小花，叫作丛林银莲花。它们生长的速度非常快，四处蔓延，很快就能让森林布满白色。丛林银莲花靠地下的根茎扩张领土，一株就可以长出一大片。

有毒的花朵——铃兰

白花酢浆草那酸溜溜的叶片，无论是孩子还是大人都喜欢摘来放在嘴里尝一尝。以前，人们还会在果汁中加入白花酢浆草，让口味变得更清爽。白花酢浆草开出的小花和丛林银莲花类似。

白花酢浆草

铃兰的花朵在天气变得温暖舒适时开始绽放。铃兰一开，整个森林里都是一片清香。等到花儿凋谢，就会长出红色的小浆果。不过，注意！它们是有毒的。

七瓣莲生长在幽暗的大森林中。它们在夏天到来时开放。七瓣莲有七片花瓣，以前，人们把它当作神圣的花，因为"七"是一个神圣的数字。

铃兰

七瓣莲

蒲公英和果树开花的时候

蜂后忙着用蜂蜡筑巢。蜂蜡从蜂后肚子的某个地方分泌出来，柔软而光滑，像块面团。为了分泌足够多的蜂蜡，蜂后需要吃很多食物来让身体保持热量。

蜂后会在蜂巢的入口处建一个"小碗"，那是它储存蜂蜜的地方。然后，它会在蜂巢的中间再建一个"小碗"，用来储藏从不同花朵中采集来的花粉。在"花粉碗"里，蜂后平均会产下约 8 个卵。

当卵裂开，熊蜂的幼虫就诞生了。它们以花粉为食，样子就像小小的白色蠕虫。

蜂后像鸟一样孵蛋

幼虫们需要保暖，这样它们才能快快长大。因此，蜂后会像鸟孵蛋一样去孵化幼虫。孵卵的时候，它会警觉地把头朝向蜂巢出口的方向。

当熊蜂幼虫长大一些后，它们会把自己裹在一个小小的茧里，待在里面一动不动，直到长成真正的熊蜂。这个过程大概要花一周时间。

工蜂像苍蝇一样小

等到某一天，新生的熊蜂破茧而出。它们的个头很小，还比不上一只苍蝇。这些小熊蜂的身份是工蜂，现在蜂后采集花粉和花蜜就有帮手了！

第一批工蜂通常在五月或六月养成，那正是蒲公英和果树开花的时候。一只蜂巢里最多可以孕育出四百只工蜂。而那些晚出生的工蜂，个头往往比最早出生的大，因为它们可以享用的食物比以前更多了。

蜂巢像一个藏宝箱

　　分泌蜂蜡可不是一件容易的事。因此，蜂后会反复利用那些成果。它们会把曾经养育过幼虫的小窝清理出来，用来储存花粉和花蜜。

　　熊蜂的蜂巢里看上去会有些乱糟糟的，完全不像养殖蜜蜂的蜂巢那么井井有条。可是这也让熊蜂的蜂巢更有家的感觉。那里有金色的花蜜闪着光芒，有绿色和黄色的花粉熠熠生辉，简直像一个藏宝箱！

带刺的蒲公英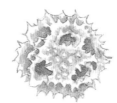

上面这个像小金块一样的东西，其实是一粒被放大很多倍的蒲公英花粉粒。而在现实世界中，花粉粒是那么微小，小到我们用肉眼根本无法分辨。我们所能看到的，都是许多粒花粉纠结在一起所形成的花粉团。

在这一页里，你可以看到一些常见花的花粉的颜色。花粉的颜色和花的颜色往往不大相同。蓝色风铃草的花粉是白色的。蒲公英的花粉是红黄色的。如果你凑近一枝蒲公英使劲去闻，你的鼻头上没准儿会变成橙黄色。这意味着，你的鼻子上沾上了成千上万粒花粉！

每一种花的花粉也有不同的形状，有的是圆形的，有的是长条形的。有的表面光滑，有的凹凸不平。而蒲公英的花粉是圆形、带刺的。

熊蜂的花粉裤子

花粉对于熊蜂的幼虫来说是很有营养的美食。熊蜂把采集到的花粉放在后腿上的小"篮子"里。人们可以看到熊蜂的后腿在阳光下闪闪发光，那就是人们口中熊蜂的花粉"裤子"。如果你能分辨出熊蜂后腿上花粉的颜色，你就能猜出这些熊蜂刚刚去过哪里……

花粉是自然中的塑料

红车轴草

自然界中几乎所有的东西，迟早都会腐烂成泥，但花粉不会。许多花粉可以存留数千，甚至数百万年的时间。这是因为，它们被花粉壁包裹保护。可以说，花粉就是自然中自产的塑料！因此，花粉可以为人类研究某地历史上曾经生长过哪些植物提供依据。

黄花柳

丛林银莲花

黄华九轮草的甜花蜜

黄花九轮草

飞行对熊蜂来说是一件耗费体力的事，它们需要进食以补充体力。因此有时候，它们会中途在花上停留，吸食花蜜。

如果你摘一朵黄花九轮草放进嘴里，你会品尝到甜蜜的滋味，那就是花蜜。

越橘

熊蜂用自己的"象鼻子"从花中吸取花蜜。（是的，在瑞典语中熊蜂的口器与大象的长鼻子是同一个单词！）它细细的，像一条小蛇一样探进花里。采到的花蜜被熊蜂吸到它们的"蜜胃"。这所谓的"蜜胃"位于熊蜂身体靠后的地方，样子像个小袋子。有时候，熊蜂采集的花蜜太多太重，那分量会压得它们没有力气飞回家。

蒲公英

从花蜜到蜂蜜

花蜜还在熊蜂的肚子里时，会与另一种叫作酶的物质混合，开始转化成蜂蜜。当熊蜂飞回蜂巢，它们会把花蜜吐到一个小"蜜蜡碗"里。熊蜂的蜜和我们通常见到的蜜蜂酿出的蜜不一样。蜜蜂的蜂蜜像枫糖一样黏稠，而熊蜂的蜜像果汁一样稀薄。熊蜂会把它们制作的蜜马上吃掉，而蜜蜂会把大部分蜂蜜一直保存到冬天。

矢车菊

柳兰

款冬

白三叶草

平地蒲公英

家族兴旺的蒲公英

蒲公英花开的季节一到，熊蜂也会跟着忙碌起来。草地、路边，处处都因蒲公英的绽放而闪耀着黄色的光芒。熊蜂们飞舞其间，忙着采集花粉与花蜜。

然而，这并不是一件容易的事。蒲公英对自己的花蜜十分吝啬，它有许许多多的小花蕊，每一朵花蕊中都只有那么一丁点儿花蜜。因此在一平方米大小的蒲公英花丛中，熊蜂们忙碌一天也只能搜集到大约一茶匙的花蜜。

虽然有这么多熊蜂围绕着蒲公英采蜜，可事实上，蒲公英是世界上为数不多可以自花授粉的植物，并不需要昆虫的帮助。

那为什么蒲公英还会招引来那么多熊蜂呢？人们猜想，这大概是蒲公英扩张领土的策略。因为熊蜂们都忙着采集蒲公英的花粉，没工夫光顾其他种类的花，使得那些花哪怕很渴望繁衍扩散，也没办法像蒲公英一样家族兴旺。很快，整片草坪几乎全都是蒲公英的天下了！

蒲公英的名字是怎么来的？

以前，在瑞典，人们把蒲公英叫作"狮齿"，因为它的叶子边缘有一排尖尖的锯齿，像狮子的牙齿一样。蒲公英在瑞典还有过许多其他名字，比如"金刷子""黄油花""黄老头""鸡蛋花""和尚头""狗莴苣"和"牛尿草"。最后这个名字的来历，是因为蒲公英有利尿的功效，吃了它就想上厕所。如今，瑞典人叫它"虫虫花"。这大概是因为，蒲公英的花里常会有许多小昆虫出没，它们是在忙着采集花粉吧！

在五月，你可以用蒲公英做一个花环戴在头上，没准会吸引到蜂后的拜访哟！

22

山地蒲公英

蒲公英花

沙滩蒲公英

普通蒲公英

像熊蜂一样忠诚

　　熊蜂和蜜蜂都对自己所采的花无比忠诚。它们轻易不会受到其他花的诱惑，而放弃自己正在采的那一朵。它们能很快认出那些给自己提供过食物的花，并且会一直拜访它们。人们说，这就是熊蜂对花的忠诚。

　　蒲公英的花朵是由许许多多的小花组成的，每一株里包含了大概两百朵花。当蒲公英花凋谢，冒出白色的绒球，你就能看到成果。那大概两百朵小花，每一朵现在都成了一粒种子……

　　你知道吗？世界上至少有 4000 种不同的蒲公英。而在北欧，能找到其中的 1089 种。它们每一种都不一样！

短柄野芝麻

贯叶三肋果

百脉根

开满鲜花的草甸

越来越多的花生长在路边和沟渠中，路边的普通草地也有可能会成为开满鲜花的草甸。这让那些骑车或开车路过的人感到心旷神怡。

短柄野芝麻被称为"不刺人的荨麻"，人们以前也把它叫作"盲荨麻"。春天，瑞典人喜欢采摘荨麻，烹饪成美味的荨麻汤。但是如果怕荨麻刺人，也可以用短柄野芝麻来代替。

贯叶三肋果和滨菊相似，但是它的叶子形似莳萝，更加柔软、宽阔。当它盛放时，草地宛如一排翻涌着白色泡沫的波浪。

百脉根在瑞典被叫作"老妪牙"，因为它们黄色的花朵形状就像牙齿一样。不过，现在应该没有人会有这么黄的牙齿了吧？除此之外，还有另一种开红色小花的植物，被叫作"老头牙"。

牛蒡

峨参

柳兰

牛蒡的小圆球只要被扔到什么东西上，
就会立刻牢牢地吸住对方，而这就是它
们传播种子的方式。牛蒡那钻头一样
的小圆球里藏着它们珍贵的种子。

峨参在夏天即将到来的时候开放，给
沟渠铺上一层白色。每一株峨参上都有几
千朵白色小花。这些小花中储藏着丰富
的花蜜，酸甜的气味吸引着瓢虫和
其他各种小爬虫光临。

柳兰是夏天最常见的花之
一，几乎处处都有它们的身影。
人们可以把柳兰晒干，制作成美
味的花茶。通常，柳兰花茎上那些位
置较低的花会率先开放，等到连上面的花
都开了，夏天也快要结束了……

25

一株新的圆叶风铃草

风铃草

花们用尽各种方法吸引昆虫的到来。正因为要吸引昆虫，花们才会拥有如此多彩的颜色，散发这般芬芳的香气。对熊蜂来说，一片布满鲜花的渠边草地，就如同厨房里快要开饭时的餐桌一样诱人。

熊蜂在忙碌

当熊蜂造访花朵采集花粉与花蜜时，身上会沾满花粉粒。当熊蜂飞到另一朵花上时，就会把花粉带过去，不知不觉中，花粉被撒在了花朵的雌蕊上，而这正是花儿们求之不得的事！

当熊蜂把花粉从一株圆叶风铃草带到另一株圆叶风铃草上时，我们就说熊蜂给花进行了授粉。被授粉的花现在可以结出种子了，而种子会发育成一株新的圆叶风铃草。

花的授粉

当花粉粒落到雌蕊上，会长出一根细细的花粉管，通过花粉管，花粉粒里的精细胞可以直接进入胚珠。在那里，一个精细胞与一个胚珠结合，完成花朵受精的过程。接着，胚珠开始膨胀，一颗种子就要诞生了！

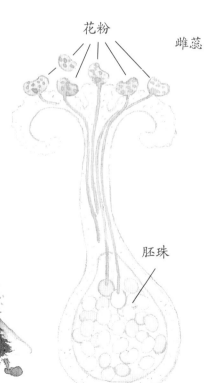

花粉

雌蕊

胚珠

26

三色堇

熊蜂喜欢蓝色与黄色

蓝色和黄色是熊蜂最容易看见的颜色。因此，它们特别喜欢拜访蒲公英、圆叶风铃草和其他有蓝色或黄色花朵的植物。熊蜂最难以分辨的颜色是红色，因此红色的花通常就留给蝴蝶来光顾了。

熊蜂的路标

有些花还有为昆虫指路的路标。如果你凑近了仔细观察，能看到这些花上的深色线条，线条都指向同一个方向——花心，也叫"花蜜路线"，因为它是在给昆虫指路，帮助它们找到花蜜。

在有些花的花心会有一个黄色的点，这也是一种路标。它的意思是：到这儿来寻找花蜜吧！

黄蜂兰对于一部分昆虫来说很有欺骗性。这种花没有花蜜，但它看上去很像雌性沙黄蜂。当雄性沙黄蜂看到它时，会以为自己找到了雌虫，然后立刻飞过去，试着与它交配。靠这种方法，黄蜂兰也能完成受精任务。

黄蜂兰

27

高毛茛

蓬子菜

黄花九轮草

石蚕叶婆婆纳

滨菊

羽衣草

梦幻花束中的七种花

在瑞典的传统习俗中，仲夏夜要采摘七种不同的花。如果女孩子睡觉时把这七种花放在枕头底下，当天晚上就能梦见自己将来要结婚的对象。至少，以前的人们是这么认为的。

黄花九轮草在五月就已经开放，那正是杜鹃发情的季节。因此，以前瑞典人也把这种花叫作"杜鹃裤子"。也有人觉得这种花看上去像小靴子，因此把它叫作"猫靴"。不过当黄花九轮草开放时，应该也用不着穿靴子了。

紫萼路边青

高毛茛大概是夏日里最耀眼的黄花了，因此这种花在瑞典也有一个美丽的名字，叫作"太阳眼"。如果你采一束高毛茛挂在屋里风干，这些花的颜色可以维持整整一个冬天。

滨菊在瑞典被叫作"牧师领"，因为它仿佛有一圈白色的领子，就像教堂里的牧师。你可以用这种花占卜自己是否有机会赢得意中人的心。占卜的方法就是，一片接一片地摘下滨菊的白色花瓣，摘第一瓣时说"可以"，摘第二瓣时说"不行"，这样依次摘下去，最后那一片花瓣所代表的，就是你占卜的结果。

石蚕叶婆婆纳通常生长在路边的草丛里。它瑞典的名字里有个"茶"字，因为它的叶子可以做成茶。这种花在瑞典也被叫作"外婆的眼镜"，如果你仔细看，会发现它看起来像一个满脸皱纹戴着眼镜的老婆婆。

蓬子菜能在最干燥的草甸中生长。几乎没有其他任何一种花的味道闻起来像蓬子菜那样充满甜蜜和夏日感。传说中，圣母马利亚把蓬子菜铺在耶稣的婴儿床上。如果这是真的，那么耶稣的婴儿床闻起来一定特别美妙。

羽衣草叶片上的小水珠，并不是露珠，而是从叶子里分泌出来的。从前的人们相信，喝了它，就能返老还童。还有人试着从露水中炼金。想不到普普通通一片叶子能有这么多的故事！

紫萼路边青是一种有些神秘的花，它生长在森林中隐蔽的泉水与溪流边。它瑞典的名字类似"熊蜂花"，熊蜂也确实常常从这种花中采集花蜜，但它的名字其实来自另一种在瑞典叫作"熊蜂"但中文通常翻译成"蛇麻"的植物。

蝶须

长得胖乎乎的苔景天

熊蜂通常在早晨与下午出门采蜜，这是它们采蜜的高峰期，在花丛边甚至会发生拥堵。而中午时分，熊蜂的踪迹会稀少很多。因为这个时候，熊蜂拜访的花并不会分泌太多花蜜。要知道，为了把蜜胃填满，一只熊蜂至少要拜访一百朵花呢。

请看看这句话后面跟着的那个句号，大多数花里所蕴藏的花蜜只有句号那么小的一滴而已。

一只勤奋的熊蜂飞一趟能采到三四百朵花的花蜜，而它们一天大概会飞七趟。

苔景天

苔景天长得胖乎乎的，因为它肥硕的叶片能贮藏水分。这非常明智，使得苔景天能在数月无雨的天气中顽强生存。因此，即使在最干旱的地方也能看到大片的苔景天，它们蔓延开来，像一片黄色的地毯。以前的人们还把它当鞋油用，据说用苔景天擦过的皮鞋会特别闪亮！

蝶须在瑞典叫作"猫爪"，因为它的花朵特别像小猫的脚爪。以前人们会说这是没有教养的花，因为它们的样子像是朝天躺着。

如果你采到蝶须，即便不把它放在水里养着，也可以维持很长时间。

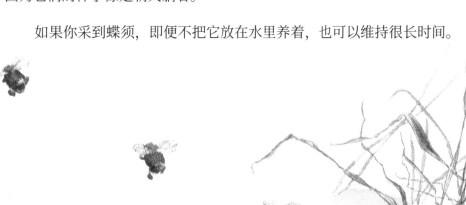

寄生蜂属于另外一个种类，但它们和熊蜂长得一模一样。区别在于，寄生蜂自己不采集花粉或花蜜，而是潜入到熊蜂的蜂巢，干掉熊蜂蜂后。如果得逞，它们就会把自己的卵留在蜂巢里，不知情的熊蜂工蜂们会把这些寄生蜂的幼虫抚养长大。

肥皂草

叉枝蝇子草

细距舌唇兰

羊叶忍冬

32

小象鹰蛾

黄昏蛾

女贞鹰蛾

夜晚香气迷人的秘密

松天蛾

　　夜晚，并不像人们想象中的那么平静无事，很多花会在暗夜里开放。傍晚时分，香气渐浓，那是夜晚开花的植物招揽夜蛾的信号，白天它们毫无香气。

　　夜晚出没的飞蛾远比白天多。夜蛾们一边吸食花蜜，一边完成了对花的授粉。

　　夜晚开的花颜色通常都很平淡，但香气浓郁。那是因为夜蛾们在夜间视力不佳，但嗅觉却异常灵敏。

金属蛾

熊蜂在夜里睡觉

　　这时的熊蜂在蜂巢中安稳地睡去。它们飞了好远的路，傍晚才回到家中。它们第二天清晨还要早起，夜晚就安静入眠吧。

熊蜂的秘密

清晨，蜂巢中传来"嗡嗡"的轰鸣声，这是熊蜂在为新的一天做热身。它们跃跃欲试，就像在跑道上整装待发的飞机。

人们对熊蜂能飞这件事感到诧异。理论上讲，熊蜂的翅膀相对于它们那圆滚滚的身躯来说，实在是太小了。好在熊蜂并不知道这个理论。但对熊蜂来说，飞行也真的不是一件轻松的事。想要成功起飞，熊蜂还要努力热身，让自己的体温达到约30℃才行。

熊蜂飞行的时候，翅膀每秒会震动180次。每一次震动翅膀，都是以翅膀前端向上折起为结束。这样一来，翅膀的前缘会产生一个空气涡流，这就是熊蜂能飞翔的秘密。这个小小的空气涡流可以产生巨大的向上牵引的力量，帮助熊蜂在身体条件不利的情况下成功起飞。

像雨伞一样收起花瓣的花

一下雨，花就不开了，花瓣会合起来或垂向地面。这是因为花不愿意让雨水淋到花蕊，伤害那些娇嫩而需要呵护的雄蕊和雌蕊。

有些花可以像雨伞一样把花瓣收起来，紧紧包裹住雄蕊和雌蕊。

在下雨时，圆叶风铃草的花茎下弯，所有的小风铃都垂向地面。常常会有小昆虫躲进小风铃里避雨。想象一下，躲在圆叶风铃草的花里，听着雨水敲击"屋顶"，会是一种怎样的感受？

有一种小小的蜜蜂晚上会躲在圆叶风铃草的花里睡觉，这种蜜蜂在瑞典叫"花眠蜂"。它们会钻进风铃草的花朵里安眠，并以帮助圆叶风铃草授粉作为回报。

你懂得花的语言吗？

以前，人们常常通过送花来传达讯息，每一种花都有自己明确的花语。送给某人一株刺人的荨麻，意思是：我再也受不了你的厚脸皮了！如果送出一束红玫瑰，则是在说：我爱你。如果送出的是一束花朵下垂、让人看不清花心的圆叶风铃草，那么就是在嘱咐对方：不要泄露我们的秘密哟。而最常见的蒲公英所传达的花语是：我和其他人没什么不同。

蒲公英

白花酢浆草

小圆叶风铃草

蔓延风铃草（喇叭钟花）

裂檐花状风铃草

桃叶风铃草

小风铃草

无处不在的风铃草

山地风铃草

全世界一共有三百多种不同的风铃草，其中有一些特别繁盛，几乎像野草一样顽强生长。在瑞典生长着十多种风铃草，最常见的是桃叶风铃草和小风铃草。在山区，有一种风铃草的花朵特别小，它们是山地风铃草。

在一些古老的花园周围，有时候可以看到一种叶片硕大的风铃草。它们叫作裂檐花状风铃草，在瑞典被称为"结块风铃草"，结块的是它们的根茎。以前人们会把这种风铃草的根拿来像土豆一样食用。

蔓延风铃草大概是风铃草家族中最美的成员之一，它们也是瑞典达拉那省的省花。

以前人们也把风铃草叫作"猫铃铛"，而桃叶风铃草被叫作"熊铃铛"。

裙子与教堂的钟

以前有人把风铃草看成是精灵们晒出来等待晾干的裙子。可是，现在应该没什么人会相信真的有精灵存在了吧。

在钢笔和圆珠笔被发明之前，人们也用风铃草制作墨水。

不少人相信，教堂的钟在刚刚问世时，之所以会被设计成如今的形状，也是受到了风铃草的启发。没准真的是这样！设计成我们现在看到的，因为教堂的钟真挺像风铃草花的样子呢。

而有一种专门造访风铃草的熊蜂就叫"风铃草熊蜂"。

红车轴草

圆叶风铃草

熊蜂用气味交流

气味对熊蜂的生活来说至关重要，每一种熊蜂都有自己的独特气味。雄蜂的气味更浓烈，它们还会借助花的香味来吸引雌蜂。

在地下筑巢的熊蜂往往需要爬过一条长达数米、漆黑一片的地道才能抵达蜂巢，它们正是依靠气味的指引找到回家的路的。每一个蜂巢都有自己独特的味道，气味不对的熊蜂不允许入内。

当有田鼠靠近熊蜂的蜂巢时，熊蜂会大口吐气，释放出臭臭的气味，以示警告。田鼠往往会被这种气味吓跑。有时候，熊蜂还能用这种方法吓跑胡蜂。

38

当熊蜂在花间采集花蜜的时候，也会在花上留下自己的气味，这样它们就能辨认出自己曾经拜访过的花。因为一朵花被采过花蜜之后，需要很长时间才能再分泌出新的花蜜。

有时候熊蜂会撞上草叶，跌落到地上，头晕目眩分不清方向。但只要它们能飞起来，很快就能在自己采过的花上辨别出熟悉的气味，从而找到正确的路线。

嘴有多长至关重要

红车轴草的花蜜藏在花里很深的地方，因此，来拜访它的都是口器很长的熊蜂，比如鲜明熊蜂。哪种熊蜂采集哪种花的花蜜，通常取决于熊蜂口器的长度。有一种舟形乌头熊蜂，口器长得和身体一样长。它们几乎只从一种花里采蜜，那就是北欧舟形乌头。还有一种熊蜂，很不幸，它们在瑞典叫作"小偷蜂"。它们的口器非常短，因此只能在花瓣上凿个洞钻进去才能采集到花蜜。

羽衣草

39

从鲜花到果实的莓子

蓝莓开花的时候，恐怕不会有很多人注意到。开花是为了吸引昆虫，如果没有昆虫来授粉，蓝莓花就会凋谢零落，不会结出蓝莓果实。

蓝莓开的花小小的，呈红色，周围有一圈白色的小花瓣，样子看上去像空心的小浆果。

野草莓的花是明亮的白色，远远就能看到。因此，初夏是最容易找到哪里有野草莓的时节，野草莓的花泄露了这个秘密。

蓝莓花

几乎只有熊蜂会光顾蓝莓、越橘和覆盆子，并为它们授粉。

会光顾野草莓的有老梳熊蜂和淡脉隧蜂。森林中可采集的浆果越多，熊峰和蜜蜂的数量也就越多。

如果蓝莓开花的时候正碰上低温多雨的天气，就不会有很多熊蜂出来采蜜，这一年的蓝莓数量便会受到影响。

莓子里满是种子

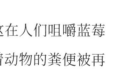

花被授粉后，莓子开始生长。蓝莓一开始是绿色的，硬得像小石头一样。渐渐地，它开始泛红，等到最后果实完全成熟，就变成了蓝色或几乎黑色。野草莓一开始也是绿的，在成熟变红之前，还有一段时间变成白色。

蓝莓果

莓子是种子的栖身之地。在蓝莓果子里面和野草莓的表面，满满的都是种子。这在人们咀嚼蓝莓和野草莓时也能察觉到。森林里的动物和鸟会吃掉莓子，而这些果实里的种子会随着动物的粪便被再次传播。

做一个野草莓串吧！

采来的野草莓可以用草串起来。吃之前别忘了好好闻一闻野草莓的清香，这就是最夏日的味道。

蓝莓

野草莓

适合播种的日子

在一个晴朗有风的日子里，空中飘满了白色的小"降落伞"，那是蒲公英在散播它们的种子！很多花需要借助风力，把种子带到新的地方。

蒲公英一年会开两次花，一次在初夏，一次在夏天过后。花开后不久，就到了需要撒播种子的时候了。

蒲公英是由两百多朵小花组成的黄色花朵，现在变成了两百多个小"降落伞"的起飞台，它们马上就要开始新的生命之旅了。

蒲公英

42

熊蜂在空中交配

夏天快结束的时候，蜂巢里迎来了幼蜂的降生，它们的体形比工蜂大。很快就到了熊蜂交配的时候，雄蜂通过在树叶和树枝上留下好闻的味道来吸引雌蜂。有的雄蜂散发出小叶椴花的香味，还有一些雄蜂带有柠檬的清香。

熊蜂会在空中交配，这可不是一件容易的事。雌蜂要小心不让自己的刺扎到雄蜂，而雄蜂是没有刺的。

之后，它们的身体紧紧相连，无法分开，双双失去飞行的能力，慢慢跌落到地上或是挂在树丛中。

雄蜂在交配之后不久就会死去，而受精的雌蜂还要活一整年，成为来年的蜂后。

熊蜂蜇人吗？

很少听到有人被熊蜂蜇到，因此不少人认为熊蜂是没有刺的。但这并不准确。就像蜜蜂和胡蜂一样，熊蜂的雌蜂和工蜂是有刺的。被熊蜂的刺扎到，会有灼热的刺痛感。但熊蜂的性格非常温和，几乎从不蜇人。如果你小心靠近，甚至可以抚摸熊蜂，而不会被扎。

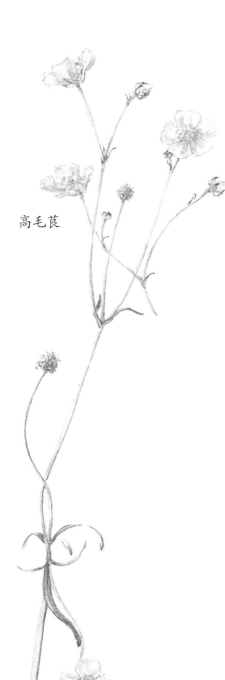

高毛茛

种子是一朵花的记忆

一粒种子里储存着一朵花的全部生命"程序"。种子知道关于花的一切：什么颜色、会长多高、何时抽芽、何时开花、何时凋谢等。很多花的种子小得像瑞典语字母 Ö 上的那两个点，就是这么一粒小小的种子容纳下了一朵花的全部。

健忘的鸟播撒种子

但也有"大个子"的种子，比如榛子和橡子。它们因为重量的原因，必须借助外力才能被传播。那些收集坚果过冬的松鼠和鸟常常会忘记自己到底藏了多少果子，而这种健忘的效果在第二年春天就能显现。看看森林里那些和银莲花一样大小的小树苗吧，那就是见证。

还有袜子和便便

每一种花都有自己传播种子的方式。高毛茛的种子上有一个小钩，它们会待在种荚里，等待从旁边经过的人或动物。有时候，种子会黏在猫的皮毛上，有时候又会挂在某个小朋友的袜子上。

在夏天快结束的时候，狐狸会吃很多的蓝莓，然后在草地与树桩上拉出蓝色的便便。那里面满是蓝莓的种子，而那里将来也会长出满地的蓝莓。

蚂蚁的零食

蚂蚁们会寻找雪割草的种子，那上面有它们最爱的小油脂粒。它们会把种子带回家，但在路上也会忍不住吃掉一些。蚂蚁们舔掉种子上的油脂后，就把种子给扔掉了，而雪割草也因此被播种到新的地方。

榛子

雪割草

驴蹄草

穿着救生衣的种子

  驴蹄草的种子是靠水传播的。当雨滴恰好落在种子上，
它们就随着雨滴一路去往新的家园。每一粒种子的外部都
包裹着一件"救生衣"，因为驴蹄草总是生长在溪流边与
湖边。这真是大自然巧妙的设计！

落叶叠成厚厚的毯子

森林里，落叶叠成厚厚的毯子。人们往往以为落叶只会腐烂成泥，但其实对住在森林泥土里的上百万只小爬虫来说，落叶就是它们的美食，几乎就是它们的"薯片"。

每天晚上，蚯蚓都会把落叶带入自己的地道里。它们咀嚼叶片，再排泄出来，形成一个新的肥沃的小土圈。

自然界不会白白浪费任何一样东西。除了花粉，一切都会被年复一年地循环利用。而所谓"秋天的味道"，正是来自大自然中植物凋败腐坏后再获得新生的循环过程。

在厚厚的落叶下，有些花的种子已经被种下。那些要在春天最早开放的花朵，已经准备好了。天气正在变冷，忙碌的蜂巢里逐渐安静下来。不会再有新的幼虫诞生了。工蜂们一个接一个地飞离蜂巢，一夏天的辛苦让它们的翅膀遍体鳞伤，迎接它们的将是死亡。

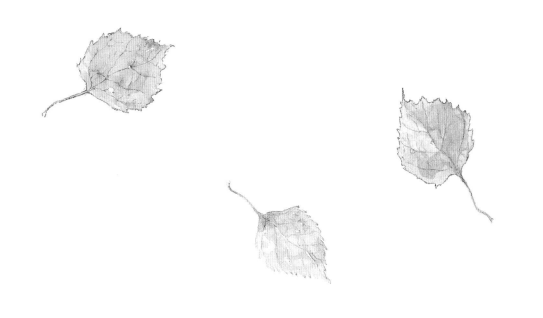

熊蜂们建筑冬巢

到最后，蜂巢中只剩下衰老的蜂后。很快，它也会死去。而新一代的蜂后已经开始寻找地方度冬。它们沿着墙壁或草甸飞行。当蜂后找到合意的地方，它就开始在土里钻洞，钻到约3厘米深的地方，它会停下来，在那里挖出一个葡萄大小的洞穴。

它不会往洞穴里铺任何东西，而是直接躺在土上。从地面上只看得到蜂后挖洞时留下的小土堆。让蜂后意识到是时候开始建筑冬巢的，并不是秋天渐渐降低的气温，而是日照时间的变化。当它们意识到白昼变短，那就是时候开工了。

47

大风铃草

黄花九轮草

小风铃草

在冬天的草地上采花

冬季的草地上，风铃草还在，但会变得僵硬。寒风吹过，风铃草微微摇动，那是它在播种。

曾经长着花朵的地方，现在是风铃草坚硬的子房。子房的上端有些小孔，样子看上去像个小盐罐。当风吹过时，子房就会像往食物上撒盐一样，播撒出一些种子。如果地上有积雪，那些被播撒的种子就有机会跟随消融后的雪流动，被带往遥远的地方。

像风铃草那样在冬天依然伫立和播撒种子的花还有不少，比如黄花九轮草、蓍、滨菊、峨参、旋果蚊子草、贯叶连翘等。它们都是在冬天里可以找到采回家的花。不过要记得，把花带回家前先抖一抖，把种子留下。

冬天里，几乎所有的鸟都靠种子充饥。这是很有营养的食物，里面既有脂肪，又有其他一些重要元素。如果能被顺利播种发芽的话，这些种子就是为自己的新生植物所储备的营养。

旋果蚊子草

峨参

著

滨菊

贯叶连翘

雪是自然的棉被

积雪中饱含着大量空气，因此在积雪之下并不冷。如果外面的气温是-20℃，那么积雪下的温度还是会维持在 0℃。许多野花正是在积雪的护佑下过冬的。一旦春日到来，冬雪融化，它们会立刻开始生长。

新的蜂后还在冬巢中僵冷地待着。它们看上去像是死了一样，或是陷入了最深沉的睡眠。它们在冬眠，听不见任何声音，也感受不到一点儿动静。

然而，几个月后的四月，春日的温暖已经确认无疑地到来，蜂后会苏醒过来，从洞穴中爬出。

很快，我们就会看到在春天最早绽放的那些花朵间忙碌的熊蜂了！

在花园中栽种鲜花可以帮助熊蜂！

牛舌草

迷迭香

墨西哥鼠尾草

神香草

有一些熊蜂因为野花数量的减少而难以找到食物。在瑞典，已经有两到三种熊蜂灭绝。然而，一个令人欣慰的好消息是，越来越多的人在花园中栽种鲜花，有许多种鲜花是熊蜂和人类都喜欢的。

各种香草是熊蜂喜欢的植物，比如牛至、神香草、薄荷、百里香、迷迭香、罗勒、薰衣草和柠檬香草等。

此外，很多豆科植物（就是种子藏在豆荚里的植物）也受到熊蜂的喜爱。其他一些装饰性的园艺植物也很棒，比如舟形乌头、毛地黄、金鱼草等，都是熊蜂青睐的植物。

熊蜂们还特别喜欢开蓝色花朵的植物，比方说琉璃苣、聚合草、牛舌草、蓝蓟等。如果你的花园中种满了这些花，会引来很多嗡鸣忙碌的熊蜂，听起来仿佛有人在歌唱。

熊蜂喜欢的植物还有黄花柳、果树、欧洲七叶树、醋栗，以及覆盆子。

不妨让草地上开满熊蜂喜欢的白三叶草和蒲公英吧！

还有，为什么不试着在花园中留出一块地方，欢迎熊蜂来筑巢呢？在一些商店还可以买到现成的蜂巢呢！

琉璃苣

薰衣草

薄荷

对自然感兴趣?

当人们身处自然之中，常常会觉得生命——包括我们人类的生命、动物的生命、花朵的生命——真是一个神秘的奇迹。这是一张进化中的拼图，人类只是其中的一块，而自然中所有其他的生物构成了这张巨大拼图的其余部分。

对我们来说，可以通过许多途径来了解自然。比如说，从研究生物学知识或是参加科普夏令营开始，或者去钓鱼，去观鸟，去认识植物或搜集昆虫。

现在你差不多已经看完这本《我的花卉书》。你知道吗，你可以接着看《我的植物标本书》。这本书不仅可以帮你制作和收藏你的专属植物标本，还可以成为一本花卉图谱，通过阅读这本书，你可以学到更多关于花卉的知识。

我还写过一本关于鲜花和昆虫的书，叫作《苏菲的花卉冒险》，是和插图作者布·莫斯白合作的。此外，还有一本关于花卉的书，名字叫《你自己的花卉书》，插图作者就是为这本书作画的玛雅·法戈白，文字作者是阿莎·林德和拉斯·勇森。

如果你想了解更多关于熊蜂的知识，可以看看布·莫斯白（插图）和毕勇·赛德白（文字）所著的《熊蜂》一书（Bonnier Fakta 出版），以及尤然·侯姆斯特姆所著及拍摄的《熊蜂：瑞典品种大全》（Symposion 出版）。

在网络上当然也可以找到许多关于熊蜂的信息。比方说，用谷歌搜索"熊蜂网站"，可以找到瑞典农业大学的瑞典多细胞生物数据库（ArtDatabanken) 网站[1]。在那里，你可以查到所有瑞典熊蜂的彩色插图，学习如何辨认不同的熊蜂种类。

---

[1] 译者注：中国读者可以在自然标本馆网站 http://www.cfh.ac.cn/ 搜索相关物种信息。

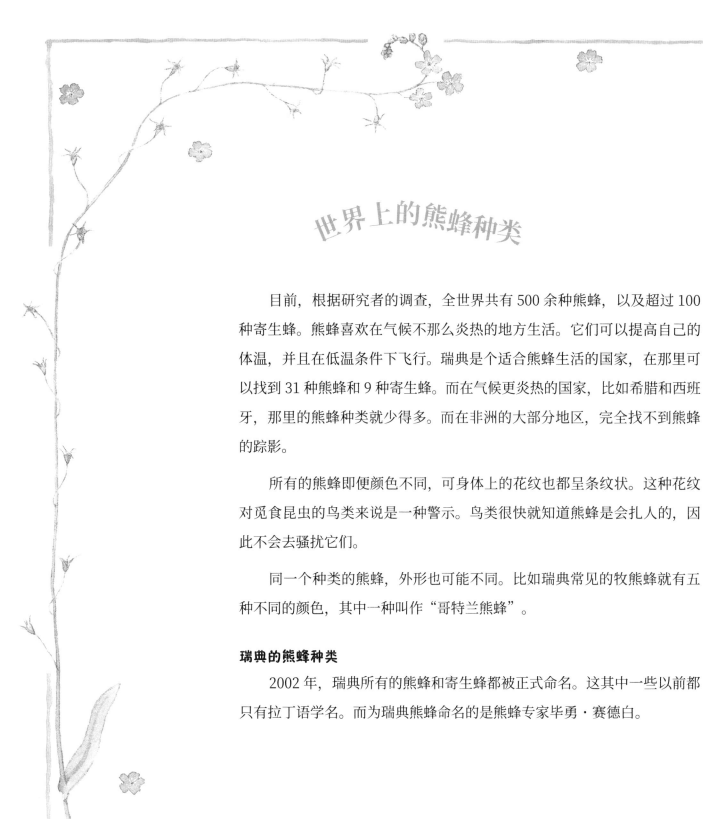

世界上的熊蜂种类

目前，根据研究者的调查，全世界共有 500 余种熊蜂，以及超过 100 种寄生蜂。熊蜂喜欢在气候不那么炎热的地方生活。它们可以提高自己的体温，并且在低温条件下飞行。瑞典是个适合熊蜂生活的国家，在那里可以找到 31 种熊蜂和 9 种寄生蜂。而在气候更炎热的国家，比如希腊和西班牙，那里的熊蜂种类就少得多。而在非洲的大部分地区，完全找不到熊蜂的踪影。

所有的熊蜂即便颜色不同，可身体上的花纹也都呈条纹状。这种花纹对觅食昆虫的鸟类来说是一种警示。鸟类很快就知道熊蜂是会扎人的，因此不会去骚扰它们。

同一个种类的熊蜂，外形也可能不同。比如瑞典常见的牧熊蜂就有五种不同的颜色，其中一种叫作"哥特兰熊蜂"。

瑞典的熊蜂种类

2002 年，瑞典所有的熊蜂和寄生蜂都被正式命名。这其中一些以前都只有拉丁语学名。而为瑞典熊蜂命名的是熊蜂专家毕勇·赛德白。

欧洲勿忘草

中文名	拉丁语名字
地熊蜂（俗名叫欧洲熊蜂）	Bombus terrestris
白尾熊蜂	Bombus lucorum
巨熊蜂	Bombus magnus
隐熊蜂	Bombus cryptarum
散熊蜂	Bombus sporadicus
索熊蜂	Bombus soroeensis
红尾熊蜂	Bombus lapidarius
卡氏熊蜂	Bombus cullumanus
眠熊蜂	Bombus hypnorum
带斑熊蜂	Bombus cingulatus
小健熊蜂	Bombus jonellus
早熊蜂	Bombus pratorum
旗熊蜂	Bombus lapponicus
山熊蜂	Bombus monticola
长颊熊蜂	Bombus hortorum
草熊蜂	Bombus ruderatus
苹果熊蜂	Bombus pomorum
鲜卓熊蜂	Bombus distinguendus
亲熊蜂 这种熊蜂只青睐乌头类植物	Bombus consobrinus
短毛熊蜂	Bombus subterraneus
牧场熊蜂	Bombus pascuorum
褐纹熊蜂	Bombus humilis
藓状熊蜂	Bombus muscorum
林熊蜂	Bombus sylvarum
红柄熊蜂	Bombus ruderarius
长头熊蜂	Bombus veteranus
金带熊蜂	Bombus balteatus
极地熊蜂	Bombus polaris
高山熊蜂	Bombus alpinus
高寒熊蜂	Bombus hyperboreus
乌氏熊蜂	Bombus Wurflenii
岩崖熊蜂	Bombus(Psithyrus) rupestris
田野拟熊蜂	Bombus(Psithyrus) campestris
巴氏拟熊蜂	Bombus(Psithyrus) barbutellus
牛拟熊蜂	Bombus(Psithyrus) bohemicus
女神拟熊蜂	Bombus(Psithyrus) vestalis
寓林拟熊蜂	Bombus(Psithyrus) sylvestris
挪威拟熊蜂	Bombus(Psithyrus) norvegicus
四色拟熊蜂	Bombus(Psithyrus) quadricolor
黄拟熊蜂	Bombus(Psithyrus) flavidus

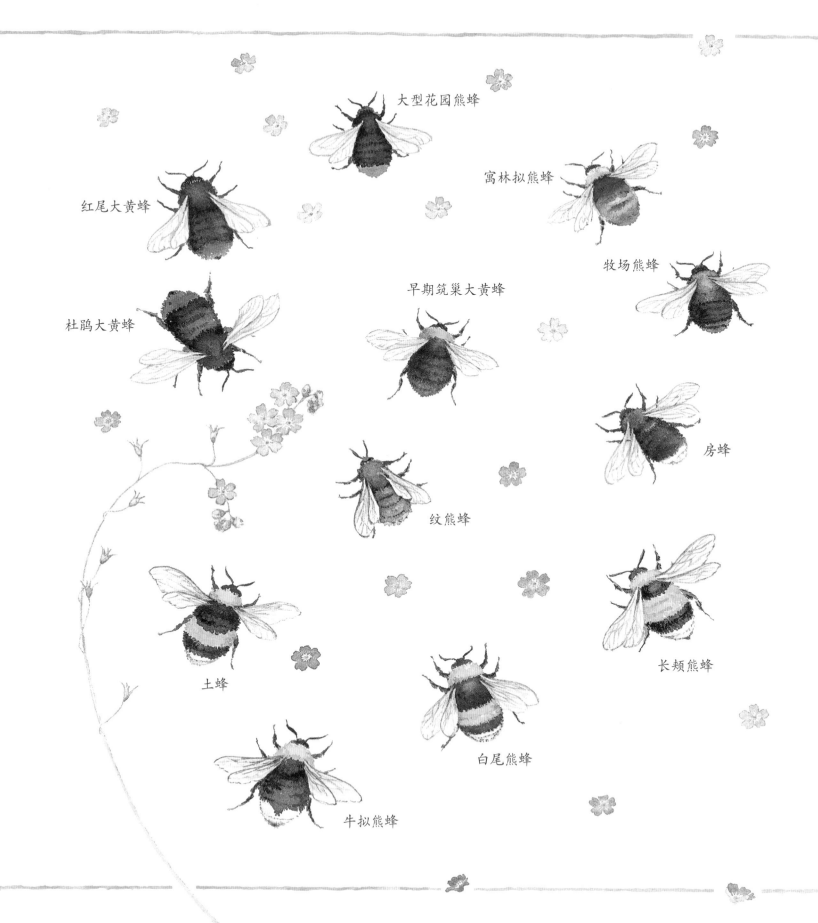

大型花园熊蜂

寓林拟熊蜂

红尾大黄蜂

牧场熊蜂

早期筑巢大黄蜂

杜鹃大黄蜂

房蜂

纹熊蜂

土蜂

长颊熊蜂

白尾熊蜂

牛拟熊蜂

花卉索引

＊ 冬生花

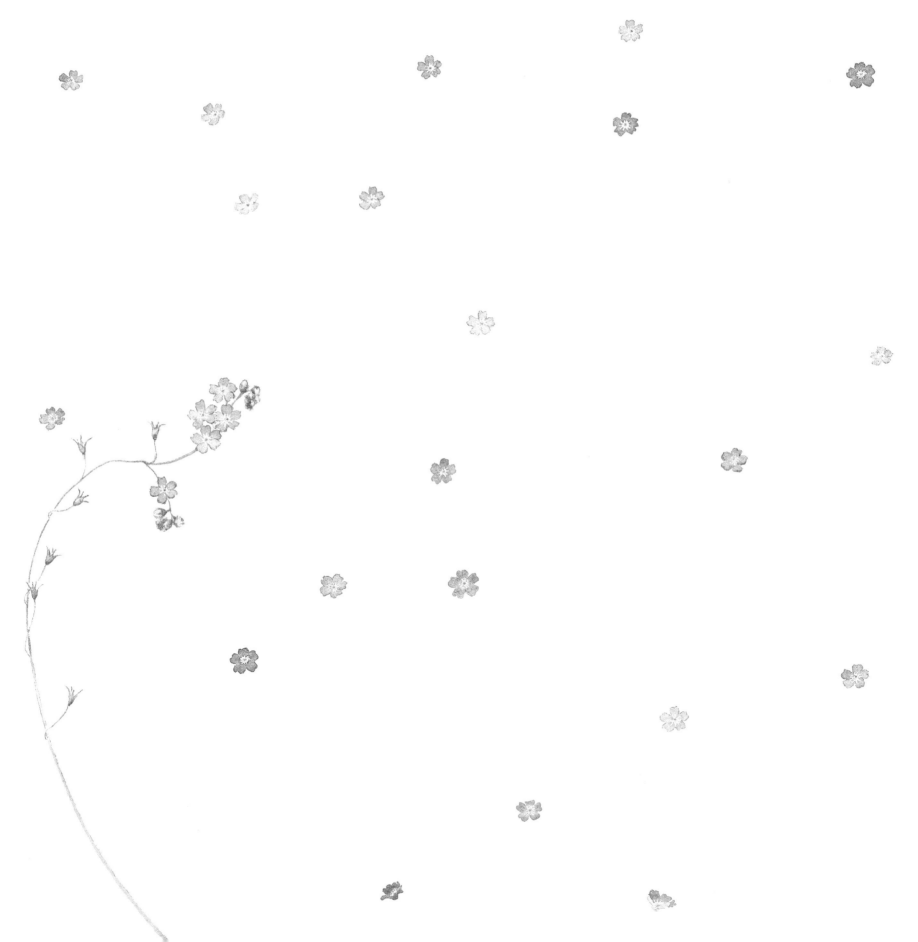